美术画册

筑 梦 之 路

·

游 生 绘 梦

网易互动娱乐事业群 | 编著

网易游戏学院 | 游戏研发入门系列丛书

清华大学出版社

北 京

内 容 简 介

本书为"网易游戏学院·游戏研发入门系列丛书"中的系列之七《美术画册》。画册汇聚了网易众多著名游戏项目的美术画作，包括《梦幻西游》电脑版、《梦幻西游手游》《大话西游2》《大话西游手游》《一梦江湖》《阴阳师》《荒野行动》《神都夜行录》《明日之后》《永远的7日之都》《第五人格》《非人学园》《率土之滨》《终结战场》《猎魂觉醒》和《镇魔曲》等16款游戏。所收录的作品风格题材多样，画作品质精良，不管是随手翻阅，还是鉴赏学习都会让人受益匪浅。

图书在版编目（CIP）数据

美术画册：筑梦之路·游生绘梦 / 网易互动娱乐事业群编著 . —北京：清华大学出版社，2020.12
（网易游戏学院·游戏研发入门系列丛书）
ISBN 978-7-302-56943-5

Ⅰ . ①美… Ⅱ . ①网… Ⅲ . ①游戏程序 - 程序设计 Ⅳ . ① TP317.6

中国版本图书馆 CIP 数据核字（2020）第 228210 号

责任编辑：贾 斌
装帧设计：易修钦 庞 健 殷 琳 王泳煌
责任校对：胡伟民
责任印制：沈 露

出版发行：清华大学出版社
　　　　　网　　　址：http://www.tup.com.cn，http://www.wqbook.com
　　　　　地　　　址：北京清华大学学研大厦 A 座　　　邮　　编：100084
　　　　　社 总 机：010-62770175　　　　　　　　　邮　　购：010-83470235
　　　　　投稿与读者服务：010-62776969，c-service@tup.tsinghua.edu.cn
　　　　　质量反馈：010-62772015，zhiliang@tup.tsinghua.edu.cn
　　　　　课件下载：http://www.tup.com.cn，010-83470236
印 装 者：小森印刷（北京）有限公司
经　　销：全国新华书店
开　　本：276mm×200mm　　印　张：20.5　　　字　　数：540 千字
印　　数：1~3000
版　　次：2020 年 12 月第 1 版　　　　　　印　　次：2020 年 12 月第 1 次印刷
定　　价：398.00 元

产品编号：085404-01

本书编委会

主　　任：文富俊

副 主 任：易修钦

秘 书 长：贾　勇　胡月红

副秘书长：庞　健　殷　琳　郭振申　江敏莹　陈晓莉

委　　员：（按姓氏拼音顺序）

程　遥　陈维康　崔志军　何丽华　黄　剑　霍天威　洪　宇　纪　川　李戈夫

梁　琦　刘　博　刘　爽　苏　迪　王广翔　夏　冰　于　洋　庄智超

INTRODUCTION OF SERIES

丛书简介

"网易游戏学院·游戏研发入门系列丛书"是由网易游戏学院发起，网易游戏内部各领域专家联合执笔撰写的一套游戏研发入门教材。该套丛书包含全七册，涉及游戏设计、游戏开发、美术设计、美术画册、质量保障、用户体验、项目管理等方面。书籍内容以网易游戏内部新人培训大纲为框架体系，以网易游戏十多年的项目研发经验为基础，系统化地整理出游戏研发各领域的入门知识体系。旨在帮助新入门的游戏研发热爱者快速上手，全面获取游戏研发各环节的基础知识，在专业领域提高效率，在协作领域建立共识。

丛书全七册一览

01	02	03	04	05	06	07
游戏设计	游戏开发	美术设计	质量保障	用户体验	项目管理	美术画册
筑梦之路·万物肇始	筑梦之路·造物工程	筑梦之路·妙手丹青	筑梦之路·臻于至善	筑梦之路·上善若水	筑梦之路·推演妙算	筑梦之路·游生绘梦

PREFACE
丛书序言

网易游戏的校招新人培训项目"新人培训－小号飞升，梦想起航"第一次是在 2008 年启动，刚毕业的大学生首先需要经历为期 3 个月的新人培训期：网易游戏所有高层和顶级专家首先进行专业技术培训和分享，新人再按照职业组成一个小型的 mini 开发团队，用 8 周左右时间做出一款具备可玩性的 mini 游戏，经过专家评审和双选后正式加入游戏研发工作室进行实际的游戏产品研发。这一培训项目经过多年的成功运营和持续迭代，为网易培养出六千多位优秀的游戏研发人才，帮助网易游戏打造出一个个游戏精品。"新人培训－小号飞升，梦想起航"这一项目更是被人才发展协会（ATD：Association for Talent Development）评选为 2020 年 ATD 最佳实践（ATD Excellence in Practice Awards）。

究竟是什么样的培训内容能够让新人快速学习并了解游戏研发的专业知识，并能够马上应用到具体的游戏研发中呢？网易游戏学院启动了一个项目，把新人培训的整套知识体系总结成书，以帮助新人更好的学习成长，也是游戏行业知识交流的一种探索。目前市面上游戏研发的相关书籍数量种类非常少，而且大多缺乏一种连贯性、系统性的思考，实乃整个行业之缺憾。网易游戏作为中国游戏行业的先驱者，一直秉承游戏热爱者之初心，对内坚持对每一位网易人进行培训，育之用之；对外，也愿意担起行业责任，更愿意下挖至行业核心，将有关游戏开发的精华知识通过一个个精巧的文字共享出来，传播出去。至此，我们通过不断地积累沉淀，以十年磨一剑的精神砥砺前行，最终由内部各领域专家联合执笔，共同呈现出《网易游戏学院·游戏研发入门系列丛书》。

本系列丛书共有七册，涉及游戏设计、游戏开发、美术设计、质量保障、用户体验、项目管理等六大领域，另有一本网易游戏精美图集。丛书内容以新人培训大纲为框架，以网易游戏十多年项目研发经验为基础，系统化整理出游戏研发各领域的入门知识体系，希望帮助新入门的游戏研发热爱者快速上手，并全面获取游戏研发各环节的基础知识。与丛书配套面世的，还有我们在网易游戏学院 APP 上陆续推出的系列视频课程，帮助大家将知识进一步沉淀，收获进一步加深。我们也希望能借此激发每位从业者，及每位游戏热爱者，唤起各位那精益求精的进取精神，从而大展宏图，实现自己的职业愿景，并达成独一无二的个人成就。

游戏，除了天然的娱乐价值外，还有很多附加的外部价值。譬如我们可以通过为游戏增添文化性、教育性，及社交性，来满足玩家的潜在需求。在现实生活中，好的游戏能将世界范围内，多元文化背景下的人们联系在一起，领步玩家进入其所构筑的虚拟世界，扎根在同一个相互理解、相互包容的文化语境中。在这里，我们不分肤色，不分地域，我们沟通交流，我们结伴而行，我们变成了同一个社会体系下生活着的人。更美妙的是，我们还将在这里产生碰撞，还将在这里书写故事，我们愿举起火把，点燃文化传播的猩红引信，让游戏世界外的人们也得以窥见烟花之绚烂，情感之涌动，文化之多元。然后终有一日，我们这些探路者，或说是学习者，不仅可以让海外的优秀文化走进来，也有能力让我们自己的文化走出去，甚至有能力让世界各国的玩家都领略到中华文化的魅力。

我们相信着，相信这一天将会到来，终会到来。而到那时，我们便不再摆渡于广阔的海平面，我们将以"热爱"为桨，辅以知识，乘风破浪！

放眼望去，在当今的中国社会，在科技高速发展的今天，游戏早已成为一大热门行业，相信将来涉及到电子游戏这个行业的人只多不少。在我们洋洋洒洒数百页的文字中，实际凝结了大量网易游戏研发者的实践经验，通过书本这种载体，我们将它们以清晰的结构展现出来，跃然纸上，其实非常适合每一位游戏热爱者去深度阅读、潜心学习。我们愿以此道，使各位有所感悟，有所启发。此后，无论是投身于研发的专业人士，还是由行业衍生出的投资者、管理者等等，这套游戏开发丛书都将是开启各位职业生涯的一把钥匙，带领各位有志之士走入上下求索的世界，势如破竹，大步前行。

文富俊

网易游戏学院院长、项目管理总裁

TABLE
OF
PREFACE

序一

曾经和一位我仰慕多年，在游戏界摸爬滚打、久经考验的艺术前辈饭局聊天。那是一个阳光灿烂的中午，我们在一间坐落于距离我就职的游戏公司不远处、同事们常去的街边泰国面条店。除了面好吃之外，还扯了些至今令我记忆犹新的话：干我们这一行的到底在做啥？今天的美术工作者多半坐在电脑前，一手敲打着键盘一手拨动着鼠标（尤其是三维动画师），咋一看，和在银行、医院、以及其他行业天天面对着电脑朝九晚五的上班族基本没区别。

这是不是有点违背了童年时拿起画笔在纸上"鬼画符"时的那种天然纯正的素人艺术之灵魂？

可不是嘛，我曾经也向往过一种生活方式：身穿黑白横杠休闲衫，头戴一顶法式小黑帽，隐居田园，和自己的文艺爱人们聊天喝茶，灵感一来，抓起画笔就是一张这个那个的……然后作品被放到各大画廊，被"识货的"像炒房地产一样标出天价，之后化为成功人士们攀比的装备。

仔细想想，其实不然。我们天生都是爱幻想的创世者，如今用着看似缺乏仪式感的方法描绘出一个个美丽的梦！（这么一说是不是清新脱俗到快上天了？）

我们这些造梦者，可是有职业操守的，游戏可不单单只是一个虚无缥缈不接地气的梦。和搞纯艺术的不同之处在于：我们的作品是要被广大观众接受的，很多时候它是有明确目的，表达着某种功能的。我们的创作过程更多是在做选择题，把最好的素材聚集起来，以我们对世界的理解为原则进行压缩提炼，榨出最精彩的部分，然后分享给大家。这个过程不是单纯地将其他的画变成新的画，它需要跨界，跨维度，最重要的是，好的作品来自生活。我们的工作其实是"多维翻译官"！是在感性与理性之间寻求平衡的"跨界舞者"！从出生到死亡，我们无时无刻都在进行着美好灿烂的重组和交流。

西方有句俗话曰："一图值千语"（a picture is worth a thousand words）。

不说了，一起看图吧。

—— 江 轲

《Sky 光·遇》艺术总监 /《风之旅人》动画制作人

TABLE
OF
PREFACE

序二

CG 绘画作为一种年轻的艺术形式，近二十年的发展很大程度是依托游戏美术为载体的。游戏被称为第九艺术，为许多 CG 艺术家门提供了施展才华的平台。天马行空的造型设计、光怪陆离的场景创意，其内容形式、美术风格、审美特征在很多方面都可以说是亘古未见。她是时尚审美与传统艺术精髓相结合的宠儿，借助现代科技制造的新型绘画创作工具，极大程度提升了艺术家们的创作效率和自由度。CG 绘画正作为一个朝气蓬勃的新兴画种在艺术殿堂的星空中冉冉升起。

本书汇聚了网易众多著名游戏项目的美术画作，我们可以从中对于 CG 绘画的一个分支——"游戏美术"窥得一斑。从经典的《大话西游》到爆红的《阴阳师》，从唯美的《一梦江湖》到热血的《终结战场》，各种风格题材的画作琳琅满目，我们可以看到 Q 版、日韩风等娱乐性很强的美术风格，也能看到写实考究的真实感很强的美术风格，书中所纳画作大都是上佳之作，对于游戏美术的学习、研究、参考、品鉴都很有价值。

虽说书中画作风格题材十分丰富，但我们在鉴赏的时候也可以按照一定的方法去理清思路。这个思路是指审美思路、创意思路。游戏美术中追求的美是极致的美、超越现实的美、不真实的美；游戏美术中追求的个性是年轻的个性、时尚的个性、突破束缚的个性，因此我们看到的很多游戏美术作品在构图的冲击力、色彩的华丽度、设计的夸张度、造型的唯美度等都是与传统绘画有很大区别的。传统绘画更关注表现真实世界，游戏美术更关注创造幻想世界，在创作的目的和审美的趣味上有很大不同。

但是游戏美术其实又是从传统美术的沃土中成长起来的。下到人体结构、素描关系等美术基础，上到构图逻辑、色彩规律等美术理论都是跟传统美术领域的研究息息相关。我们可以从本书的很多作品里看到传统绘画的影子，要画好 CG 绘画并不是靠电脑软件，而是与作者的美术基础、艺术造诣紧密相连。因此我建议读者们在阅读本书的时候要多从审美、创意、美术基础、表现形式等方面去进行鉴赏，通过不同风格题材的游戏美术形式类比，相信会有很多收获。

—— **黄光剑**

著名 CG 艺术家 / 知名概念设计师 / 画家

TABLE
OF
CONTENTS

目 录

FANTASY WESTWARD JOURNEY

01 / 梦幻西游

《梦幻西游》电脑版是一款由网易公司自主开发并运营的西游题材 MMO 游戏，正式运营以来，注册玩家数突破 3.6 亿，同时最高在线 271 万，是网易西游题材扛鼎之作。游戏以其 Q 版画风、中国经典文化、上千种玩法而深受玩家欢迎，2016 年更推出和 PC 端数据互通的移动端版本，让玩家随时随地想玩就玩，是国民回合制网游领军之作。

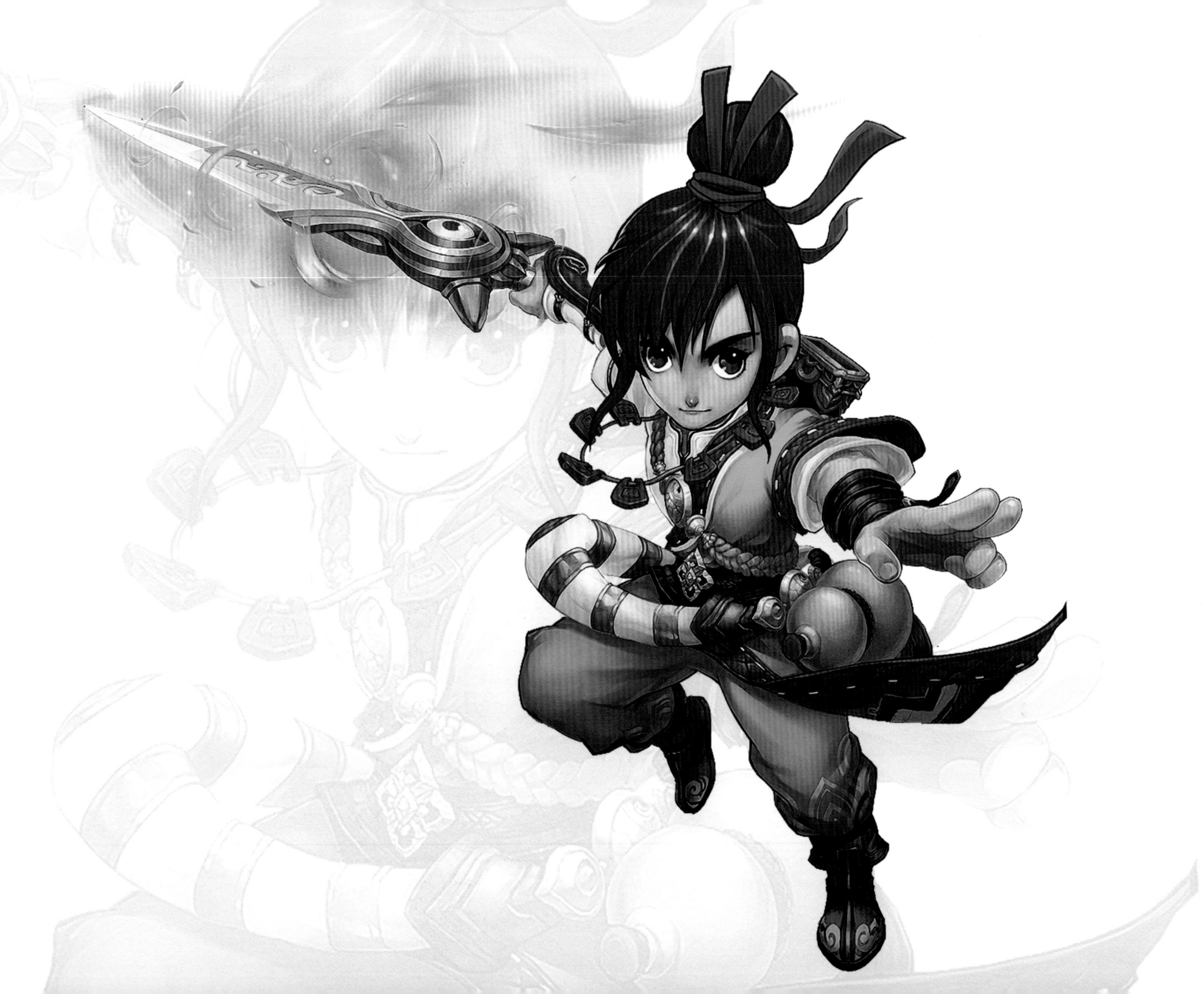

FANTASY WESTWARD
JOURNEY MOBILE

02 / 梦幻西游手游

《梦幻西游手游版》从四大名著之《西游记》中汲取中华民族几千年的灿烂文化，以盛世大唐为画板，以 Q 版国风为笔触，描画出一幅蕴含天地四海清朗、三界众生繁盛的梦幻画卷。在这里，玩家以天命之人的身份，与其他同伴一起不断经历时光回溯，寻找和守护关于大唐、关于三界、关于自我的命运真谛。

WESTWARD JOURNEY II

03 / 大话西游 2

《大话西游 2》是网易公司依靠自身力量，完全由国人开发运作的大型精品 RPG 网络游戏。自 2002 年 8 月正式推出以来，她以其精致而古香古色的中国画风，感人至深的剧情任务，丰富的内涵和良好的游戏性风靡全国。经过不断地创新和优化，《大话西游 2》已经拥有《大话西游 2 经典版》《大话西游 2 免费版》以及与端游数据互通的口袋版等一系列产品，为玩家提供有趣、多样的游戏选择。

南星

神州焕新貌　南星盛故园

落葵

山林观朝颜　松下折落葵

方策青缃

青缃起焰　素葵从风
文武之政　布在方策

忆首少年
渔村鼓板言笑
扬帆远游江湖遥
千里行侠
登雁塔
斗城东
名卖桥上论英雄
不问来处
不问归期
恩仇都付一笑
相逢尽是英豪
除妖魔斩群枭
心如铁
血似烧
生死一诺
肝胆相照
侠骨一身
烈火不能销
看尽世间潮
回首她远天高
人还在
情未了
心不老

WESTWARD JOURNEY
MOBILE

04 / 大话西游手游

《大话西游》手游是网易大话2团队潜心打造的国风经典情义回合制
MMORPG《大话西游》同名手游。游戏以特有的清新中国风美术风格、
丰富多样的社交玩法，深受玩家喜爱。上线至今累计注册活跃用户居于
同类产品前列，长期处于各大畅销榜单前列。《大话西游》手游让玩家
能随时随地感受经典回合制玩法魅力，体验轻松游戏与快乐社交，被誉
为网易回合制游戏的匠心之作。

A DREAM OF JIANGHU

05 / 一梦江湖

《一梦江湖》是网易首款高自由度武侠手游，具备多张 400 万平方米无缝地图，开创轻功战斗、高智能 NPC 等多个崭新玩法。游戏于 2018 年 2 月 1 日开启全平台公测，首周累计新增玩家破 1000 万，DAU 突破 280 万，打破了近年来国内 MMO 手游新品的新增玩家和 DAU 各项纪录，荣获当年度金翎奖"最佳原创移动游戏"等 20 多个奖项，一跃成为 2018 年国民级武侠手游。

ONMYOJI

06 / 阴阳师

《阴阳师》是由网易游戏自主研发的 3D 日式和风回合制 RPG 手游，正式运营以来注册玩家数突破 3.7 亿，并曾取得 iOS 畅销榜第 1 名的宝座。故事发生在人鬼共生的年代，原本属于阴界的魑魅魍魉，潜藏在人类的恐慌中伺机而动，阳界的秩序岌岌可危。幸而世间有着一群懂得观星测位、画符念咒，还可以跨越阴阳两界，甚至支配灵体的异能者，他们正各尽所能，为了维护阴阳两界的平衡赌上性命战斗并被世人尊称为"阴阳师"。

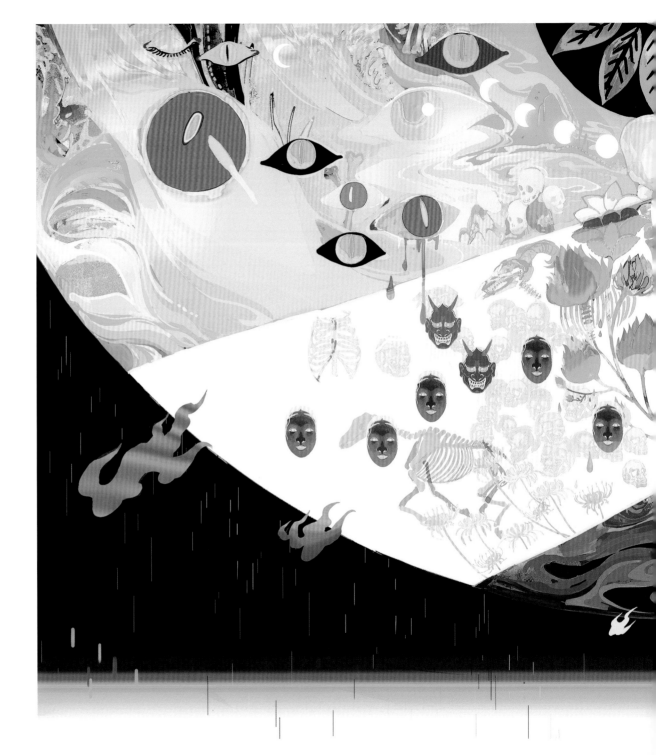

KNIVES OUT

07 / 荒野行动

《荒野行动》是由网易游戏自研的一款战术竞技游戏，于 2017 年 11 月
首次上架 App Store，48 小时内登顶免费榜、总榜和全球下载榜，并连
续多日霸榜。2018 年 1 月 9 日，《荒野行动》DAU 突破 2500 万人，
现有注册玩家超过 2.5 亿人，对公司游戏研发具有里程碑式的意义。游
戏团队对玩家反馈保持开放的态度，快速迭代响应，不断积累口碑，受
到海内外玩家喜爱。在日本市场，《荒野行动》多次斩获 App Store 畅
销榜榜首，2018 年获得了 Google Play 玩家投票年度最佳奖。

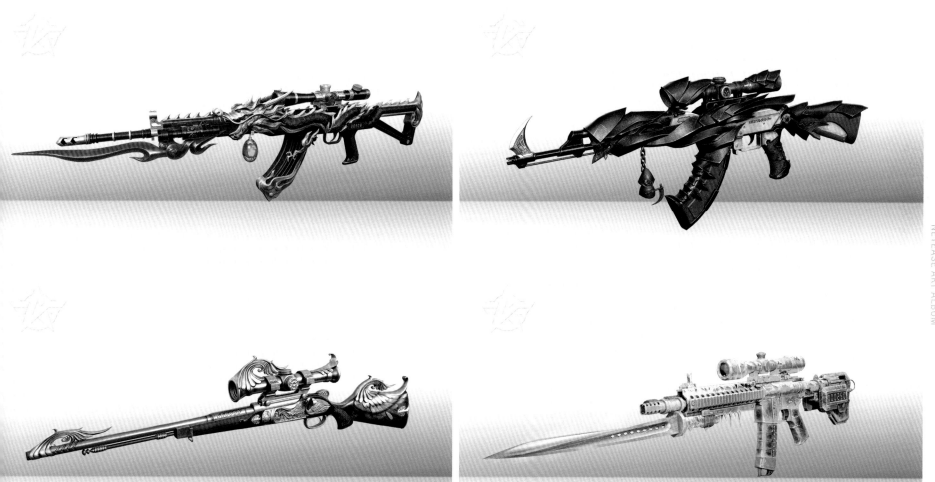

PHANTOMS: TANG DYNASTY

08 / 神都夜行录

《神都夜行录》是一款国风美术打造的神鬼妖怪收集 RPG 游戏。玩家作为一名初入世的降妖师，通过阴阳眼、变形术、唤灵术等各类特色降妖术法，调查各地可疑的妖怪作乱事件，并与其他玩家共同作战，降服各类形象各异、个性分明的妖怪。

雪山

雷音寺

河西古道

定西镇

神木林

洛阳

凌昭山庄

杏花村

青丘

神都夜行录

神都夜行录

LIFEAFTER

09 / 明日之后

《明日之后》——是一款病毒末世下人类生存的手游，凭借末日生存题材和媲美端游的 3D 写实画面，一上市就受到广大玩家的欢迎。公测首月即登顶 11 月全球 App Store 游戏下载榜第一。游戏内置昼夜循环系统，模拟真实的天气效果，浓雾、暴雪、沙尘都带来极大生存挑战。玩家需要探索末世、搜刮生存物资、制作工具和武器、加入营地、与同伴一同击退感染者狂潮，活到下一个明天！

ETERNAL CITY

10 / 永远的 7 日之都

《永远的 7 日之都》是一款由网易制作与发行的都市幻想题材并融合了文字冒险游戏要素的角色扮演类游戏，以多英雄操纵即时战斗为主要玩法，拥有数十条剧情线可供探索挖掘，体验极其丰富。本作基于网易自研引擎与独特的表现技术塑造 2.5D Anime 式画风。并邀请诸多知名画师、声优与音乐制作人参与制作，为每位玩家带来精彩绝伦的视听体验。

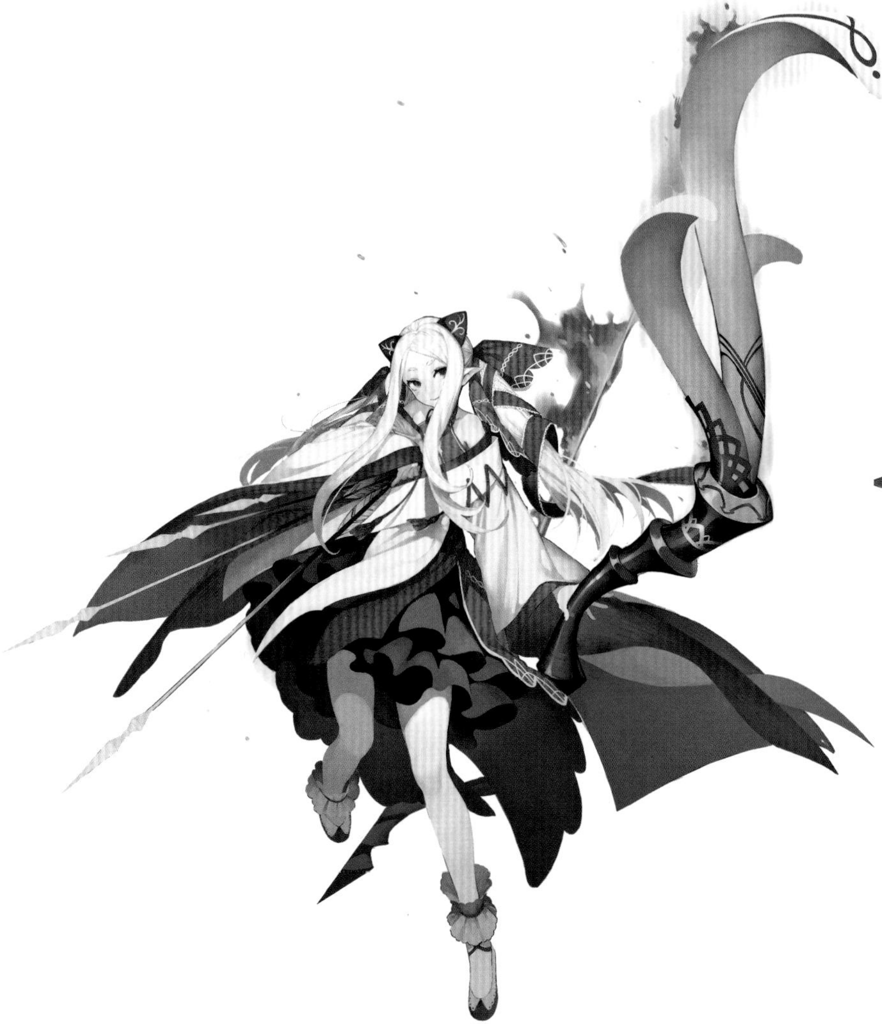

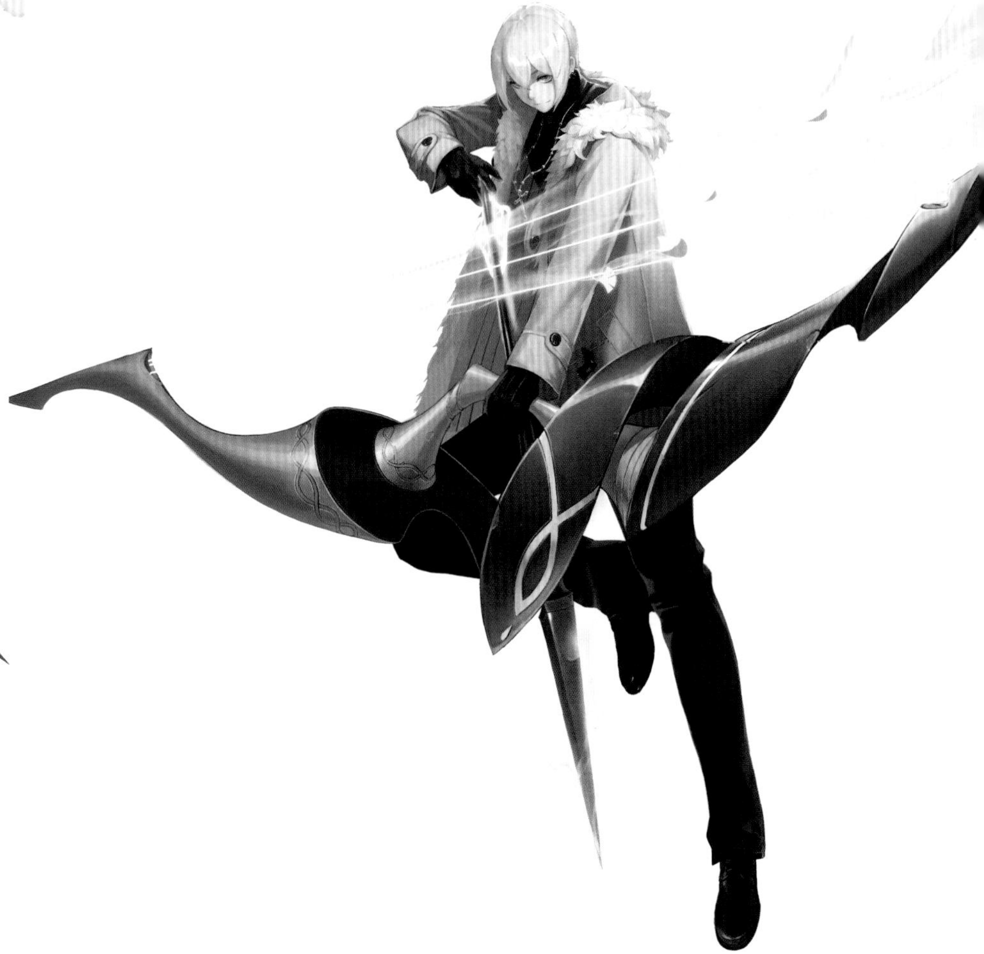

IDENTITY V

11 / 第五人格

《第五人格》是由网易开发的非对称性对抗竞技类（Asymmetrical Battle Arena）手机游戏。玩家将扮演侦探奥尔菲斯，在收到一封神秘的委托信后，进入恶名昭著的庄园调查一件失踪案。在进行证据调查过程中，玩家扮演的奥尔菲斯将采用演绎法，对案情进行回顾。在案情回顾时，玩家可以选择扮演监管者或求生者，展开激烈的对抗。而在调查的过程，无限接近事实时，却发现越来越不可思议的真相……

自正式运营以来，注册玩家数突破1亿1千万人，DAU900万，同时最高在线100万人，游戏以荒诞哥特画风，悬疑烧脑剧情，刺激的1V4"猫鼠追逃游戏"的对抗玩法吸引了海量国内外玩家。其赛事"深渊的呼唤"，新双监管者对抗玩法，新监管者求生者的更新，使得海内外主播、同人、UP主和粉丝们带来了大量的精彩创作。

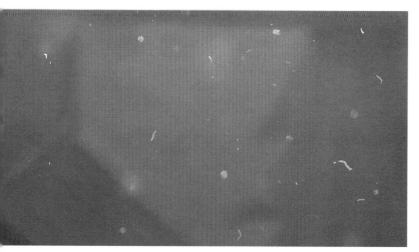

EXTRAORDINARY ONES

12

/ 非人学园

《非人学园》为网易自研的一款漫画风多人在线对战 moba 游戏，是网易继西游题材后又一力作。"脑洞大开"是非人学园的主要特色，游戏以打破传统的人设、笑到肚痛的脑洞、创新有趣的互动机制深受玩家欢迎。后续更是凭借优质联动，在二次元亚文化圈内广受好评。

INFINITE BORDERS

13

/ 率土之滨

《率土之滨》手游是由网易公司自主开发并运营的的一款全自由实时沙盘战略手游，该作于 2015 年 10 月 22 日正式公测。 游戏以三国历史为背景，讲述东汉末年的群雄割据，魏、蜀、吴三国之间的政治和军事斗争的故事。玩家可以扮演主公的身份，进入游戏去建造城池、生产资源、招兵买马等，来提高自己的军事实力，从而实现统一天下的愿望。2018年在 3 周年之际推出全新 3D 版本，为玩家呈现一个代入感更加强烈的225 万格立体无缝沙盘大世界，是国产 SLG 领军之作。

宁我负人毋人负我

253

RULES OF SURVIVAL

14 / 终结战场

《终结战场》(原终结者2:审判日手游)是一款快节奏开黑枪战竞技手游,由 F 工作室历时两年自主研发磨砺而成。《终结战场》上线之初就在 iPhone 免费榜排名第一,持续长达一周,并长期保持前三。首月DAU 突破 900 万,总新增用户突破 1 亿。研发团队秉承网易游戏"专注"和"精品"的理念,明确、坚定产品方向和定位不偏移,同时深耕目标用户,坚持初心不急不躁,以精益求精的态度打磨产品。《终结战场》(原终结者 2:审判日手游)取得的成绩具有里程碑式的意义,这是网易游戏首次在新品类领域取得的成就,亦是网易首批成功自研的枪战竞技领域产品。

269

283

ERRANT: HUNTER'S SOUL

15 / 猎魂觉醒

《猎魂觉醒》是一款由网易公司自主开发并运营的在线 3D 合作狩猎手游，游戏以超真实自由战斗、极致次时代画面、沉浸式游戏世界，以及丰富的玩法活动而深受玩家欢迎。自 2018 年初上线运营以来保持着高频率的内容更新，新的巨兽战斗层出不穷 ，数种全新武器系统和多样性玩法也陆续推出，在狩猎题材的手游市场中持续保持排头兵地位，成为国内知名的共斗游戏大作。

猎魂觉醒 | Errant: Hunter's Soul

DEMON SEALS

16 / 镇魔曲

《镇魔曲》是由网易公司自主研发的旗舰 IP，包括端游、手游、页游，涵盖小说、影视、动画、漫画等多栖领域。镇魔曲 IP 自正式运营以来，注册玩家数突破两千万，是公司最年轻的旗舰品牌。《镇魔曲》发生在一个充满东方幻想的，全架空的虚拟世界中，取材于大乘佛教经典中的"天龙八部"。浮生千重变，有劫也有缘，在这个传奇里，世界是有情世界，众生是有情众生。